城乡规划二维码
——扫一扫，生活更美好

肖健飞　著

中国铁道出版社

２０１７年·北　京

图书在版编目（CIP）数据

城乡规划二维码：扫一扫，生活更美好/肖健飞著. —北京：中国铁道出版社，2017.8
ISBN 978-7-113-22911-5

Ⅰ.①城… Ⅱ.①肖… Ⅲ.①城乡规划－通俗读物 Ⅳ.①TU984-49

中国版本图书馆 CIP 数据核字（2017）第 050422 号

书　　名：城乡规划二维码——扫一扫，生活更美好
作　　者：肖健飞　著

责任编辑：许士杰　李小军　　　编辑部电话：(010)51873204　　　电子邮箱：syxu99@163.com
编辑助理：牛泽平
封面设计：崔丽芳
责任校对：王　杰
责任印制：郭向伟

出版发行：中国铁道出版社(100054,北京市西城区右安门西街 8 号)
网　　址：http://www.tdpress.com
印　　刷：北京鑫正大印刷有限公司
版　　次：2017 年 8 月第 1 版　2017 年 8 月第 1 次印刷
开　　本：880 mm×1 230 mm　1/32　印张：11　字数：269 千
书　　号：ISBN 978-7-113-22911-5
定　　价：35.00 元

前　　言

　　改革开放以来，我国经历了世界历史上规模最大、速度最快的城镇化进程。城市发展带动了整个经济社会发展，城市建设已成为现代化建设的重要引擎。然而，在这个时间跨度中，有些地方的城乡规划受到当地任期制度、财政体制、考核机制以及不同群体利益诉求等诸多方面因素的影响，难免让位于短期政绩。有些地方城乡规划中的某些不当事件，甚至成为引发社会问题的导火索。这种不合理的"让位""错位""缺位"等造成了城乡建设中的种种乱象，滋生不少城市问题，如粗放开发、环境污染、交通拥堵、城乡失忆等。城市如陷入盲目无序的扩张，就容易在虚胖中逐渐丧失活力与可持续发展的能力。古人云，前车之鉴，后事之师。在经济转型、社会转轨时期，城乡规划改革与创新发展应始于解决问题的需要，故本书侧重以城乡问题为导向，采用反讽和夸张的方式记录下一些城市弊端，用漫画的形式普及城乡规划基本常识，旨在强调城乡规划中出现的乱象和不足。爱之深则责之切，这也是城乡规划人的通病吧！希望可以为之后的城乡规划事业点一盏灯。

　　随着日新月异的城市化发展，城乡规划知识将会越来越重要。不论是在城市还是在乡村,工作、生活、交通、游憩等方面的规划知识都将会受到居民极大的关注。而这些知识中,有一些恰是大部分居民的知识盲区。扫除这些盲区,将加速居民素质城市化,有利于提升居民的生活品质。作为一个多年沉迷于规划工作的"老学究",我一直在探索如何为人们建造一条"快速通道"——让人们简单、快速地了解自己所在地区的城乡规划信息。诚然,城乡规划界自有成千上万的经典著作供人阅读,可真正通俗易懂、造福百家的读本却是少有。笔者与人闲聊时总会免不了带上几句接地气的规划。路途遇堵,总爱唠叨路网完善、信号灯优化、交通通行能力提升;天降大雨,街道积水,免不了说说地坪标高和排水系统;雾霾天气,又会聊聊产业结构调整、建设依山就势、水土保持、通风廊道;闲步街道,还会漫谈城市记忆、悠悠乡愁……亲朋好友常常受我叨扰,爱妻尤甚,只是她也不嫌我烦,后来便开始鼓励我花点时间整理一下,改变城乡规划信息固有的传播模式,重点面向大众读者。写作著书要坚持接地气,走群众路线,走下"阳春白雪"的神坛,更好地为"我们"服务,真正地以人为本,造福大众。

现在在你眼前的读本,正是鄙人为这种改变做的一些小小的贡献。这本书摒弃了固有的传统撰写模式,以一些生动形象的漫画为主,深入浅出地讲述了十六个城乡规划主题,让读者在短时间内掌握较丰富的城乡规划知识。在撰写这本读物的过程中,我时常拿着本子叨扰身边之人,以确保这本读物的可读性。我希望,有这么几类人能从我的书中受益:第一,是从未接触过城乡规划工作的普通居民,希望他们能够从这本读物中获得基本的城乡规划知识;第二,是想拓宽有关知识面的学生群体,在读的青少年不仅是日后城市生活居民的主力军,也是未来生活改革的主体,有可能的话,希望这本书能够成为他们探索规划领域的"敲门砖";第三,是规划、建设、管理的从业者,希望他们能从这本书中获得对城乡规划的系统认知,有助于他们"快速转换角色",更好地为人民服务。

写这本书的初衷就是为了让城乡规划走入百家,夯实规划基础。若是缺乏牢固的基础,则不能造就摩天大楼,城乡规划事业也不例外。希望这本书能在一定程度上弥补一些缺陷,起到夯实城乡规划"群众基础"的作用,成为规划接地气的通道。若你在读完这本书之后,能够获得有关城乡规划建设管理方面的一些新知识,提升自我的生活品质,甚至能够主动关心、了解、支持城乡规划建设管理工作,也算是完成了笔者的心愿。书中一定还存在其他不足,恳请读者批评指正,让我们一起来让山更青、水更绿,城乡规划更和谐,人民生活更美好!

整理书稿的这些日子,似乎回到了学生时代,扎进书房就是忘我的几个小时。为了不影响我写作,爱妻忙里忙外。而在我遇到几次大的挫折几乎中断写作时,也是她的鼓励和支持才让我有了继续前进的动力。得此挚爱,夫复何求,感谢我的她。宝贝女儿自幼便爱好读书,得知我在整理书稿,她竟比我还激动。她虽专业金融,但从小受我"荼毒",涉猎广泛。在写作期间,她人在海外,心却在父亲身边,对本书做了许多言辞上的润色修饰工作,感谢我的小棉袄。

最后,特别感谢铁道出版社李小军先生、许士杰先生的鼎力相助。感谢支持我和被我叨扰的亲朋好友,感谢正在阅读这篇前言的你,"天行健,君子以自强不息;地势坤,君子以厚德载物。"愿与诸君共勉。

翻过此页,开始你的城乡规划之旅吧。

肖健飞　深夜于杭州

目　　录

01 扫一扫，城乡规划有概貌

　　本章简要阐述了城市及城乡规划的起源、演变、主要功能、发展动力，以及城乡规划相关知识和未来发展趋向。

1-1　经济技术促分工,贸易工业和耕种。功能分化城和市,华厦建城现影踪。

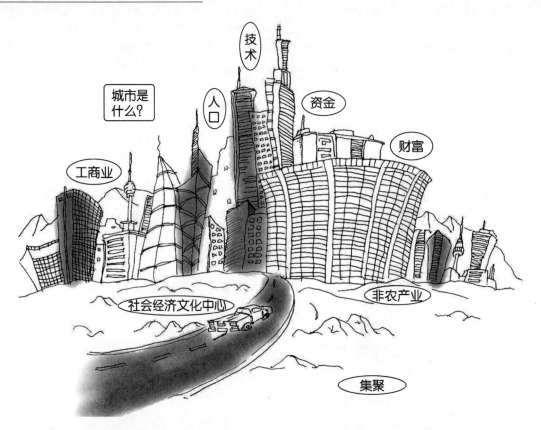

1-2 城市熙攘好繁华,市场贸易创造它。技术资金聚集地,人口增多城长大。

1-3　匠人营国，方九里，旁三门，国中九经九纬，经涂九轨，左祖右社，前朝后市，市朝一夫。

《周礼·考工记》

1-4 原始村落功能分,居民靠近河北蹲。规划壕沟护城池,东部产业西郊坟。

1-5　城市蓬莱何处觅？居住工作与游憩。教育医疗和养老，交通设施配套齐。

城乡规划涉及政治、经济、社会、地理、生态、文化、工程等多学科知识,需要多学科协同规划形成共同体,才能承担起规划的重任。

1-6　赤橙黄绿青蓝紫,宏伟规划蓝图制。经济生态和工程,文化社会与政治。

1-7 改革开放起宏图，转型升级迈大步。城乡要素多变革，规划转轨景象殊。

1-8　产业转型升级潮,经济建设好势头。城乡规划破困境,助推发展重担挑。

1-9 产业规划抓要害，力搭实施大平台。美好蓝图梦想成，操作落地是王牌。

1-10 中国梦想真伟大,多规合一铸规划。开发引导与控制,图则文本法定化。

1-11　美好规划纸上画,发展建设全靠它。搭建平台保障实,实施路径重拳抓。

02 扫一扫，城市病多模式糟

本章刻画了粗放式发展模式为城乡发展带来的种种弊病。如某些地区气候异常、灾害频发、空气污染、河道变臭、土质恶化……越来越糟的生态环境令人担忧。

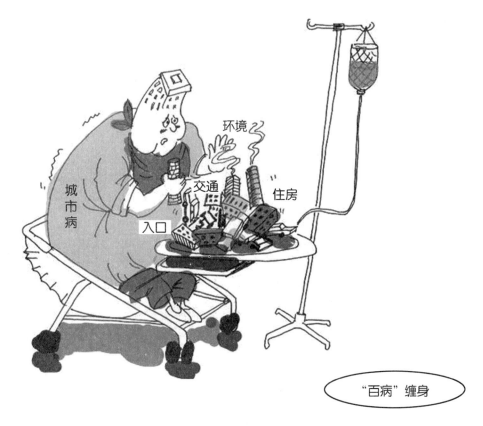

环境

城市病

交通

入口

住房

"百病"缠身

2-1 心急如焚求业绩,聚精会神谋近利。城市百病暗滋长,畸形发展祸根递。

2-2　和谐社会哪里找？首先环境要美好。噪声污染太吵闹，方知宁静也是宝。

2-3　空气污染多霾雾，华夏天空渐模糊。何时能得碧蓝天？外延扩张不归路。

2-4 烟囱浓烟耸入云,席卷南北太吓人。转型升级迫眉梢,发展模式酿成病。

2-5 江河溪流水质差,轻视保护重开发。垃圾污水乱倾倒,生态能力被压垮。

2-6　能源结构未调整,浓烟滚滚把天熏。空气质量难保证,难免增添城市病。

2-7　资源消耗超依赖,过度利用破生态。日积月累非持续,发展方式酿祸害。

2-8　健康城市显繁华,安居乐业利大家。弊病多发添烦恼,驻城反使人害怕。

2-9 转型升级要引导，产业管控不可少。保护环境是国策，有损生态不轻饶。

2-10 很想进城安个家,但见弊病一大把。若是享得百年寿,青山绿水适合咱。

03 扫一扫,规划有太多烦恼

　　本章揭示了城乡规划遭遇的几大烦恼。设计、审查、公示、审批、建设、管理等等诸多环节、诸多因素都可能导致规划的"走样"。这也许就不难理解民间流传"规划规划、纸上画画"的缘由。

3-1 规划美好求科学,实施却是另类果。原因究竟出在哪,规划烦恼实在多。

3-2　规划举措欠实在,空话套话随意开。纸上画画墙上挂,落地实施多被改。

3-3 大干快上搞建设,现场办公就地决。若与实施相冲突,规划修改建设列。

3-4　规划建设很唐突，实施常遭多变故。工程施工改思路，变更单子堆满屋。

3-5 规划建设两层皮, 挖挖补补不停蹄。实施主体好多个, 重复建设谋己利。

3-6 发展要靠地生财，却用规划来掩盖。配套短缺环境差，实践证明是破坏。

3-7　热衷开发商品房,公共设施缓又缓。教育就业市场缺,急功近利民遭殃。

3-8 粗放发展真坑人，入学就业车难行。美好规划感下降，改变现状靠转型。

3-9 产业为王不坚定,安居乐业难成真。就业艰难人漂泊,经济模式遭质疑。

3-10　城乡规划千万条,实施管理最重要。用地布局和设施,生态环境滞后了。

3-11　规划建设争相抓,台上台下多套话。实施随意出决策,工程难免豆腐渣。

3-12　规划建设好多项,献礼工程日夜忙。政绩形象在作祟,安全事故才不断。

3-13　城乡规划烦恼多,其中管理欠科学。引导发展是本质,预防弊病缺举措。

3-14　规划专家何其多，滥竽充数有少撮。搬弄是非海吹嘘，评审管理机制错。

3-15　专家审查沉甸甸,时走过场为改变。真情实言反遭贬,逢场作戏"砖家"衍。

3-16　评审程序没有减，审查意见随意编。专家怒火反被撵，机制育成"砖家"遍。

3-17　阳光规划太重要,专家意见晒原稿。评审结果终追责,"砖家"必然被吓跑。

3-18　审查意见阳光化，评审制度忌"绑架"。防止专家成"砖家"，法制才能 hold 住它。

3-19　管理实施多扯皮，跑到城东奔城西。规划总是滞后步，开发哪里哪演戏。

3-20　规划管理老缺位,协调会议一大堆。落地操作多漏洞,协调好似消防队。

3-21 规划审批好发证,争相管理似拼命。审批实施缺服务,后续监管软无能。

3-22　鼓励创业又创新,审批难于西取经。签字盖章多如毛,中介渔利赛神仙。

院士专家：产业发展智库

3-23　院士专家高智库，政企产学研欠足。战略咨询助决策，规划落地奠基础。

3-24　规划管理重审批,不求服务逐权利。审批清单看实效,高效服务必简政。

3-25 优秀规划是龙头,博采广纳不可少。三分规划七分管,实施忌当水龙头。

3-26 决策围绕大开发,规划时常遭绑架。实施不予严执法,规划还要被"规划"。

3-27　依法行政是国策,规划行业必改革。权利清单是根本,随意决策终追责。

04 扫一扫，开发引领规划跑

本章用反讽和夸张的方式，指出现实城乡规划工作中存在规划跟着决策走、决策跟着政绩走、政绩跟着开发走、开发跟着资源走、资源跟着资金走……如此非理性的发展导致了资源滥用、无序开发等严重问题。

4-1　土地买卖成商品，空间扩张为财政。脱离规划与管控，建设品质难提升。

4-2　土地升值特别快，千方百计把地买。屯地却不求发展，骗取规划炒地卖。

4-3　土地财政卖地忙, 卖了东方卖西方。四面八方争相卖, 修改规划再扩张。

4-4 开发逐利多资源,保护原则随意变。考核指标重政绩,调整规划随处见。

4-5　城市建设靠规划,开发业主图想法。谋求利益最大化,挖空心思改规划。

4-6　城市资源特别多,利益集团起争夺。弱势行业受损害,制度管理漏洞多。

4-7 城市高楼密集建,公共用地易被占。以地生财受支配,配套设施方拖欠。

4-8　建设资源很紧俏,政绩工程易拿到。管理配置欠公平,公益设施总是少。

4-9　遍地开发房地产,城市规模陡膨胀。配套设施太短缺,城市病多民遭殃。

4-10　商品房屋大涨价,工业土地改开发。实体经济遭冲击,就业不知找哪家。

4-11 规划虽好美如画,谁知生活压力大。上学就医居住难,公共设施配套差。

4-12 外地创业盼住楼,可惜楼价日涨高。生活成本不堪负,收拾行李撒腿跑。

4-13 城市遍布高价房,宜居美梦难圆满。社会经济大发展,阶层分化欠健康。

4-14 项目用地指标拨,土地数量年底多。为争立项改规划,龙头地位碍手脚。

4-15　老板盯紧规划图,寻求发展商机捕。区位良好很关键,配套完善是基础。

4-16　政绩如靠负债帮,融资平台忙成团。规划参与谋策划,结果印证害地方。

4-17　规划有利 GDP,方案才被看得起。决策遵循该逻辑,城市病多不为奇。

院士专家工作站:产业发展大平台

4-18 院士专家工作站,转型升级挑重担。园区开发缺平台,规划助推勇担当。

05 扫一扫，道路交通需洗脑

本章主要论述城乡交通组织和管理的问题。在经济高度发展的背景下，大量人口流动、小汽车过快增长、土地资源有限等原因导致了城乡交通环境、规划建设、公交、停车以及管理等方面存在的主要问题。解决问题的关键是协调好交通需求与道路交通设施供给之间的关系，实施供给侧结构性改革。

5-1　改革开放迁移潮，逢年过节人滔滔。运输规划老滞后，交通出行实难熬。

5-2　人多地少是国情，机动车长无止境？拥堵低效环境差，交通模式祸子孙。

要限制车多人多的蔓延，引导城市规模的适度发展

5-3　建设用地盲扩张，出行时间日拉长。人多车多总量大，环境污染又两难。

5-4　土地房屋屡征拆,居民交通来回摆。居住远离上班地,无序开发酿成灾。

5-5　人多地少资源乏,出行方式细规划。适度发展小汽车,需求供给两手抓。

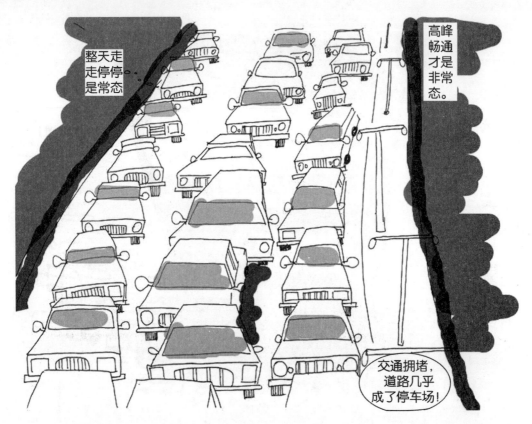

5-6　道路规划车满道，交通运输求高效。拥堵俨如停车场，高峰时段最糟糕。

5-7 买车只为出行便,拥堵开车心胆颤。车水马龙成常态,道路环境添污染。

5-8　拥堵车辆黑鸦鸦，心烦意乱求解压。频频追尾又刮擦，情绪影响事故发。

5-9 道路拥堵成常规,高峰时段车成堆。驾车似蚁路段爬,步行竟然早家归。

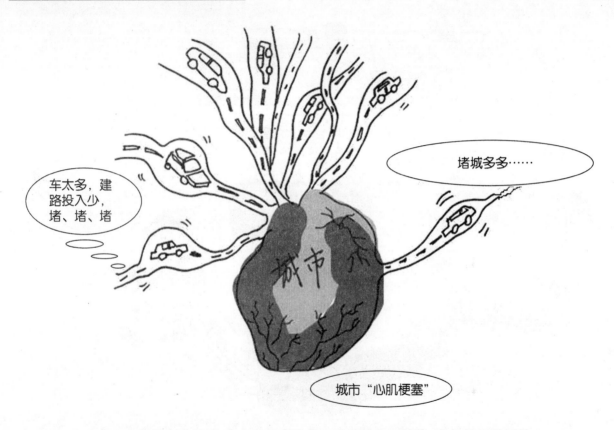

5-10 车辆增长太神速,年年忙把道路修。道路堵点刚清除,来年复又添新愁。

5-11 机动车量长不停,用车成本宜提升。税费调节做杠杆,道路供给方可行。

5-12　机动车量涨过度,道路交通日添堵。环境污染在加剧,汽车也要计"生育"。

5-13 交通标志若出错,出行驾车苦琢磨。一时走错枉遭罚,通行效率低许多。

5-14　前方灯显红黄绿,往左往右似忽悠。灯控管理出混乱,设施便民及时修。

5-15　突然来个急刹车,后面多车连追尾。灯控故障帮倒忙,建与管理不匹配。

5-16　此处连连出车祸,信号显现难捉摸。建设管理须深究,罚单不是好结果。

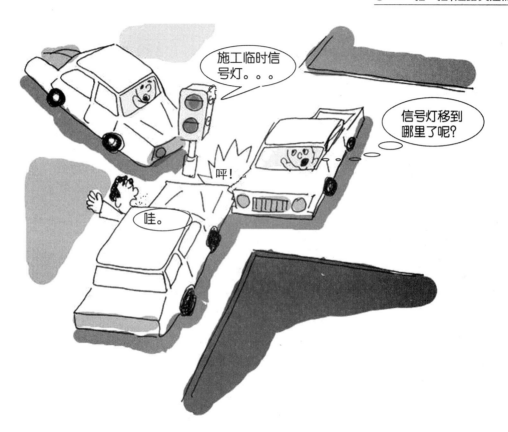

5-17 信号灯置不醒目,路口行车易碰撞。安全设施欠规划,施工管理须妥当。

5-18 数字信号多联动，整体规划尤为重。管理缺失问题多，好事反令百姓痛。

5-19 交通标牌要标准,不当规划误指引。令人费解难辨认,道路通行低效能。

5-20 机动车道又拓宽,自行车道靠边挪。损害规划出行难,疏堵不成反添乱。

5-21　自行车道属慢行,无障设计是标准。人为设置障碍物,疏于管理事故生。

5-22　城市人流很集中,人行道上要畅通。随意占道成障碍,安全隐患令头痛!

5-23 道路使用讲公平,人行道上勿车停。摊点又把人道占,设计效果怎能行?

5-24 小区管理太任性,不顾业主便通行。防停之物随意建,环境规划不温馨。

5-25 机动车量长太快,车行人行要分开。道路交通精设计,人本规划显情怀。

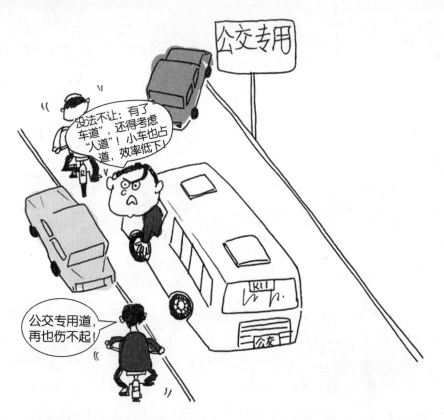

5-26 公交行驶设专道,一路畅通保准到。专道被占致延误,运营规划必糟糕。

5-27　公交专道空荡荡,实际运营缺考量。分类驶入错峰放,道路浪费好荒唐。

5-28　公共交通优发展,专用车道留空间。出行首选公交车,公务规划率人先。

5-29　公交出行设专道,运营管理求高效。车辆空载莫驶入,规划满载车许跑。

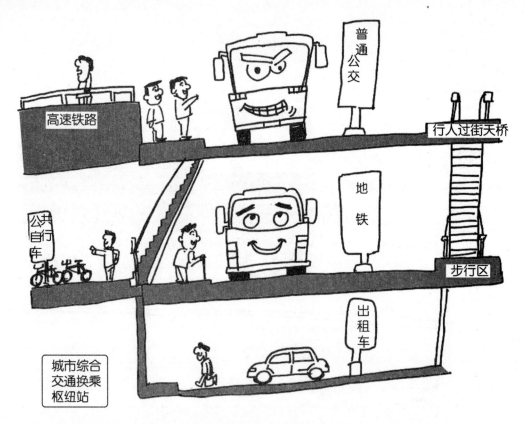

高速铁路

普通公交

行人过街天桥

公共自行车

地铁

步行区

城市综合交通换乘枢纽站

出租车

5-30 公交规划实事件,换乘枢纽最关键。提高公交吸引力,零距换乘才方便。

5-31　汽车火车两分离,百姓转乘很费力。妇幼老少艰难行,规划建设为民利。

5-32 综合交通体最好,转乘方便少拎包。出行安全又可靠,便捷高效利环保。

追求构图形式
的道路网规划

5-33 路网规划交通疏,形式设计忌构图。复杂线路效能低,司机行驶易迷糊。

5-34 行车停车是"两难",路网合理疏流量。主次支路巧搭配,完善建设才优良。

5-35 快速道路速度快,双向必设隔离带。消除左转是基本,主道辅路要分开。

5-36　汽车来往多如蚁,最糟应属整设计。快速路添红绿灯,立交桥上限行立!

5-37　快速道路无障碍,限行灯控效能害。路网缺陷是根本,仅盯工程依旧塞。

5-38 枢纽节点很关键，立体交叉通行便。政绩导向奇大怪，设计施工功利占。

5-39　开车害怕立交行,驶向哪方搞不清。规划设计求第一,忽视使用比几层。

5-40　车多人多路拥挤,解决拥堵想立体。立交规划好多圈,错把设计当游戏。

5-41 "两难"问题急缓解,禁止通行是下策。局部工程短时效,交通规划源头解。

5-42 缓解"两难"抓源本,出行时段规划清。孺幼老弱避高峰,上班上学错峰行。

5-43　城市居民爱热闹，错把雕塑放路口。妨碍枢纽地交通，规划建设决策缪。

5-44　广告设置太奇怪，究为何物把谜猜。分散行车注意力，安全隐患已预埋。

5-45　机动车量长太快,停车问题成公害。规划设计太滞后,为求车位愁发呆。

5-46　昔日停车不担心,如今得把车位争。车子数量日趋多,幻想设计车叠停。

5-47　没有车位好心慌,规划建设求妙方。被逼无奈出奇想,奢求车辆竖着放。

5-48 车位信息搞不清,满街转悠哪里停? 数字城管缺落地,缓解两难糊弄人。

5-49 为求车位四周找,无效车流满街跑。费时费物百姓怨,城管服务太浮躁。

5-50 停车需求日益增,规划建设煞苦心。车位难求无良策,请人占位非奇闻。

5-51　小区停车需求大,建设开发乱涨价。居区本是休憩地,为求车位反吵架。

5-52　临时停车事特别,不宜擅自罚单贴。城管执法要人性,诱发事故怨气逼。

5-53　行车停车确烦恼,只因停车地价少。优惠政策落地难,缓解两难似吹泡。

5-54 中心地段地价高,停车用地轮不到。供需车位缺口大,落地规划放空炮。

5-55　诱导系统规划妙,免找车位盲目跑。减少无效车流量,建设运转才高效。

5-56　智慧交通互联网,行车便捷不乱闯。停车线路和位置,手机一点信息畅。

5-57 生态停车要提倡,场地规划添美观。透水材料海绵地,车停树下还遮阳。

5-58 运输车装多又快,超高超宽又超载。交通安全隐患大,道路规划绩效害。

5-59 管理本质属服务，处罚目的提效率。罚款重在清路障，变味城管必须丢。

5-60 行车必系安全带,执法人员更自爱。事故重挫通行力,道路交通埋祸害。

5-61　上梁不正下梁歪,特权行车易堵塞。城管执法要明白,有些拥堵人为害。

5-62　交通问题不奇怪,路网规划缺人才。城规专业浅交通,交通专业城规窄。

5-63　交通法规从小抓,素质教育入计划。出行科普进学校,规划效能大步跨。

06 扫一扫，城市管网有奥妙

本章主要为读者揭开"城市看海"现象的神秘面纱，用管网规划建设、管理运营、水面面积率及水系网络等有关知识来解开这一现象背后的"玄机"。

6-1　形象工程真害怕,加速畸形城市化。管网滞后酿水城,重视地上轻地下。

管线配套设施建设资源少

6-2　今日有酒今朝醉,各种设施滞后配。政绩占尽好资源,管网老是捧空杯。

6-3　高楼大厦速耸立,地下管网没人理。每逢一场暴雨至,南北水城不稀奇。

6-4　昨日还是荒山岭,一晃楼盖好几层。周边管线没跟上,小区积水祸居民。

6-5 大干快上造城忙，表面景象令人欢。一朝雨水满金山，海绵城市丢一旁。

6-6 形象工程迷了窍,地上工程排重头。隐蔽管网受轻视,地下问题日益糟。

6-7 地上建筑虽一幢，地下管线如蛛网。管网建设杂无章，城市运营藏内伤。

6-8　管径大小不成网,排水运营终不畅。接点标高问题多,地下管线遍暗伤。

6-9　地下管网信息化,相关属性手机查。运行故障与隐患,预警调度随时发。

6-10　防洪排涝有秘方,各自为政必混乱。确保水面率指标,其次重点疏管网。

6-11 城市建筑压河堤,河床变窄水难泄。排水系统不通畅,日常管理没得力。

6-12 都江堰传数千年,学习考察人连绵。综合调度大系统,防洪治水学经典。

07 扫一扫,养老设施抓紧搞

本章主要讲述养老服务设施方面的问题。我国已快速步入老龄化社会,而服务设施显得苍白无力,只因"火烧眉毛"了,相关理念、政策、规划、建设、管理等才齐唱同一曲"迟来的爱"。

7-1　计划生育为国策,养老能力未预测。社会问题已凸显,各级政府勇担责。

7-2　养老规划未先行,相关配套没跟进。政策措施多迷茫,百姓心中少诚信。

7-3　养老设施已滞后,呼声很多落地少。规划建设实施难,缓解养老难解套。

7-4　敬老院里去养老,排队多年轮不到。供不应求缺口大,百姓怨气心中冒。

7-5　老人害怕蹲空巢,悉心照料力周到。儿孙奔波忙事业,少把养老来操劳。

7-6 老龄社会在加快,社区规划多关爱。物质设施要丰富,精神需求忌空白。

7-7 老人需求为最大,求助操作智能化。穿戴智能多设计,互联网加人人夸。

7-8　居家养老很孤独,规划设计细研读。老龄社会大事情,设施建设必提速。

08 扫一扫,城市文化忌浮躁

本章主要说明了城乡文化的重要性。城乡文化体现在地形地貌、历史遗存、规划设计、建筑、道路、绿化、景观等各个要素之中,只有精心设计、充分展示本地的文化元素,才是有内涵的,也才是有特色的、民族的、世界的。

8-1　规划建设好媚外，大江南北盲跟随。民族特色黯然失，祖先泉下也惭愧。

8-2 建筑设计无远见，画虎不成反类犬。如此依样画葫芦，贻笑后世千百年。

8-3　天下事情多奇怪，建筑竟成双胞胎。设计文化太浅薄，形象浮华费疑猜。

8-4　城市建设国际化,新城旧城一把抓。崇洋媚外主思路,文化古城洋打扮。

8-5　开发建设若为钱,粗暴拆迁无情缘。历史建筑惨糟蹋,平民有口无处言。

8-6 开发征迁不可免,有拆有保应筛选。一扫而光平地起,思故乡愁都不见。

8-7 小城故事特别多，历史建筑很不错。城市更新歪举措，乡愁丢失悔恨多。

8-8　自然资源和文化，保护利用该重抓。投资开发唯利益，珍贵遗产惨糟蹋。

8-9 大拆大建责任签,指标完成又违建。监管缺失不作为,浪费百姓纳税钱。

8-10 为塑形象建设忙,只顾数量忘质量。国外建筑数百年,本土建筑文脉殇。

8-11 城市风貌很重要,新旧之间要协调。被动创作损文脉,各持己见众难调。

8-12 建设方案凭喜好,每届班子起新稿。建筑文化遭割裂,城乡年年换新貌。

8-13 建筑制图计算机,设计人员图方便。每幢方案同模块,似曾相识家难辨。

8-14 建筑风格有内涵,设计形式大文章。环境协调是根本,生搬硬套贴大方。

8-15　新型材料进景区,落地环境要相符。材质迥异外来物,破坏协调犯糊涂。

8-16 建设方式粗暴化,砍伐大树建大厦。昔日乡愁无踪影,今朝难以觅老家。

8-17 建筑工程冷冰冰，设计理念要创新。传世之作靠创作，融入环境景点添。

8-18 建筑凝固似音乐,形体均衡主调色。本土文化彰文脉,尺度宜人倍亲切。

8-19 规划设计产业化，方案似出同一家。产值挂帅轻创作，文化挖掘遭抹煞。

8-20　一样的天一样脸,面貌雷同处处现。地方特色难寻觅,家乡故里不明辨。

8-21　规划城市乡愁情，中外都有好典型。展示特色与个性，民族文化得传承。

特色建筑

古村落

用石头写成的史书

乡愁之路……

8-22　地方文化是宝贝,规划建设要分类。思故乡愁巧展示,游子在外梦想回。

8-23　工程可使城变大,综合实力内功抓。展示地方好特色,文化使城变强大。

8-24 中华文明五千年，历史文化很渊远。乡愁幽情凝聚地，科学规划尽展现。

09 扫一扫，建筑面积不再少

　　本章是你绝对不愿意错过的一个章节。规划审批的建筑面积是办理房产"三证"的依据，买地买房置业之人对自己的建筑面积一定十分关注。这一章会为读者呈上一个锦囊，其中包含了建筑门厅、阳台、阁楼、管道井、廊架等建筑特殊部分面积的计算窍门。

9-1　居民购买商品房,规划面积咋计算。有顶围合参照房,有顶无围减做半。

9-2　橱窗门斗和连廊，四周围合照房算。有盖无围算一半，水平投影按底板。

9-3 站台看台停车棚，面积计算都相通。有盖投影算一半，室外楼梯顶层送。

9-4 阳台面积很特别,有无围合无特例。水平投影计一半,通层阳台当景观。

9-5 门厅大厅和回廊,还有舞台控制房。计算基数按底板,面积标准照房算。

9-6 突出楼顶有围护,楼梯电梯机房附。只要没有加楼层,面积参照房计算。

9-7 楼梯电梯管道井,外加垃圾烟囱顶。无论高度与隔断,面积计算按楼层。

9-8 吊脚楼和深基础,还有坡顶看台物。有围护者照房算,无围护用减做半。

地下室出入口按顶盖外墙上口外边线的水平面投影算,但不含井层墙所围水平面。

9-9 地下室里勿疏漏,有无顶盖出入口。外墙上口外边线,不含井墙水平面。

9-10 单层房屋建筑楼，面积要看围护否。有围护按围护算，无围护按底层获。

⑩ 扫一扫，三农规划须力淘

　　本章将"三农问题"和城乡规划有机结合。农村、农业、农民等"三农"问题一直是城乡规划被"遗忘的角落"，存在巨大的发展空间，值得城乡规划扑下身子去"淘宝"。

10-1　沿海经济先发达，内地民工外流大。西部地区谋发展，规划互补差异化。

10-2　进城务工好辛苦,所得远少于付出。节衣缩食为生计,该类群体多关注。

10-3　农民进城作用大,城市化中难离他。户口歧视弊病多,付出太多待遇差。

10-4 进城民工不愿回，重要节假想家归。融入城市奢梦想，规划落地需力推。

10-5 民工进城虽已久,可惜难以深交友。规划融入欠举措,身在城市心里忧。

10-6 进城务工很寂寞,百无聊赖寻娱乐。能力提升须关注,规划设计嫌不多。

10-7 进城务工缺保障，农民兄弟添伤感。夹缝之中求生存，操作规划实施没跟上。

10-8 民工离乡又离家,子女求学最牵挂。户口住房门槛多,规划缺位太可怕。

10-9　农民进城大步伐,资源配置差异大。规划设施齐完善,上学就医头等抓。

10-10　乡村盲目城市化,拆房填塘树砍伐。土地闲置产业荒,逼进楼房遭唾骂。

10-11 全国奔向现代化,切忌农村被撂下。城乡携手共繁荣,脱贫规划优先抓。

10-12 文化礼堂进村庄,好人好事为榜样。乡村记忆得延续,村规民约正能量。

10-13　文化礼堂好平台,科普知识送进来。交流场所建设好,睦邻友好乐开怀。

10-14 村庄规划新天地,产业设施要开辟。一村一品彰民俗,乡愁颜值世界递。

⑪ 扫一扫，运用"风水"学几招

　　本章是教你如何成为"风水大师"。建筑、道路、山水环境等城乡各要素都与"风水"息息相关，科学的城乡规划就是尊重自然，在建筑、道路、绿化环境中巧妙地利用"风"和"水"元素，营造最佳的声、光、色、视觉等人居环境，使之有利于身体和心理健康。"风水"的本质不是迷信，可要正确地对待哦。

11-1 "风水"研究风和水,科学应用不偏废。剔除迷信人为本,环境规划是精髓。

11-2　建筑坐北面朝南,通风采光日照旺。冬季避寒风水好,山北曰阴山南阳。

11-3　水体北岸建筑群，日照充足通风顺。视线开阔心情好，水北曰阳水南阴。

11-4 "风水"环境很重要,科学利用出奇招。引风导水气候好,建筑规划有奥妙。

11-5 溪流河泊沼泽地,水位较高很潮湿。人居环境欠适宜,"风水"不好人逃离。

11-6　山坡地基忌松软,建房的确有凶险。山体滑坡房屋灭,"风水"破财命运变。

11-7 房屋建在悬崖边,凉风习习诗意添。长期住居患稳固,精神压力致病变。

11-8　河流口处有点凶，淤积地质易滑动。加之寒风聚散地，久住忧患起病痛。

11-9 庙宇监狱殡仪馆,贴近居家不宜选。大门对着犯忌讳,心理压力毛病现。

11-10　开门见河不太好,湿气太重蛮糟糕。河流环境若不洁,人财易伤宜早跑。

11-11　开门见树又塔杆,阻挡风水和阳光。视线受碍景观差,感受不好身体伤。

11-12　大门不宜对墙角，眼见心中易冒火。天长地久成压力，好运易被"风水"破。

11-13 开门见山确实好,贴近山体反糟糕。视线受阻岩土掉,心理疾病缘烦躁。

11-14 高架桥旁建房屋,噪音尾气还吸毒。长期居留很不利,健康问题日突出。

11-15　大门正对高楼间,空间狭窄似天堑。彼此相距若太近,环境把人逼疯癫。

11-16　房屋墙角对路口,道路建筑不协调。行人见状挺别扭,日久难免生口角。

11-17　洼地湿地建住宅，"风水"称之大凶邪。其实湿气太阴重，久居身体气虚泻。

11-18　住宅日照有奥妙，卧室必须光直照。阳光杀菌保卫生，大寒两时不得少。

11-19 住宅要有穿堂风,换气干燥自然通。"风水"设计必遵循,健康大事忌放松。

11-20　有钱难买太阳光,因为影响到健康。没有光照"风水"差,损失无法用钱换。

11-21　居住小区环境好,日照通风最重要。绿化水体小气候,灯光色彩巧用妙。

11-22　山水河流生态美,道路建筑作点缀。显山露水求和谐,勿与山水争光辉。

11-23　规划布局显八卦,传承太极好文化。藏风聚气营环境,宜业宜游还宜家。

11-24 前水后山左右抱,风水佳地天然造。规划建设融山水,天人合一方高招。

12 扫一扫，生态环境太重要

　　跟随绿色经济的脚步，倡导"绿色城乡规划"。城乡规划建设管理中，对待山水环境、绿化景观等，只要坚持创新、协调、绿色、开放、共享的理念，就能塑造良好的城乡生态环境。

12-1 森林城市人人夸,房后有树屋前花。城在林中田园景,鸟语花香方宜家。

12-2　生态环保是国策,绿色和谐最迫切。显山露水规划好,山清水秀是准则。

12-3　河道岸线硬又光,破坏环境煞景观。生态固岸是根本,水泥浇死切忌上。

12-4　水体被填溪遭断,太多硬化洪水泛。雨水径流能力差,水面骤减水城漾。

12-5　河流岸线要自然，鸟语花香美无边。护岸方式好多种，生态为本不能变。

12-6　水质变清并不难,污水切忌乱排放。水体流动是基础,植物动物宜配养。

12-7 公园绿地游戏园,返璞归真贴自然。既看又用全融入,百姓亲近美心田。

12-8 城市各有己特质,规划设计多凝智。绿化配置和小品,文化内涵显价值。

12-9　乔木维护成本少,草皮花卉养护高。树木生态环境好,美化点缀用花草。

12-10　绿地要多硬地少,海绵城市自然造。植树造林多涵养,轻视绿化素质孬。

12-11 安居建设是首要,有房可住环境好。生态优美才乐业,创新创业劲头高。

城市建设包围农村

12-12　良田沃土任意占,城建扩张无边界。畜牧养殖赶进楼,大厦种植稻棉麦。

12-13　人类肆意搞开发,迫使动物也搬家。眼前利益盲驱动,必遭自然恶惩罚。

12-14　我伴树木渐长大,大树见证你我他。城市更新延文脉,生态环境亦文化。

12-15 城乡生活品质好,生态环境太重要。人文自然显和谐,青山绿水满眼眺。

13 扫一扫，绿色建筑自然好

本章简要科普了我们梦寐以求的"绿色建筑"。绿色建筑是个宝，但只有建筑自身的各个组成要素及其使用的全生命周期等两个方面都是绿色的，才是绿色建筑，要树立科学的消费理念噢。

13-1　绿色建筑好处多,节水节能挺不错。低碳环保生态好,融入自然显和谐。

13-2 绿色设计是前提,建筑材料做铺垫。结构构造为保障,废物利用也关键。

13-3　绿色建筑是个宝,生命周期全做到。仅拿建材吸眼球,科普宣传没做好。

13-4 住房消费真奇怪,轻视环保偏建材。过度装修盲攀比,奢求室内轻室外。

13-5　绿色社区很重要,生态建筑是细胞。道路管网与铺装,绿色材料才可靠。

13-6 绿色城市潜心做,人与建筑是主角。工程理念与材料,设备运营别放过。

13-7　城市生态是根本,综合体中现雏形。每个要素生态化,整体规划必先行。

⑭ 扫一扫,城市管理嫌粗糙

　　本章阐述了城乡规划管理知识。城乡规划管理的理念、对象、方式、手段、水平等,彰显城乡社会的文明程度,是城乡发展软实力的物化。

14-1 社会经济在转型,规划滞后生弊病。粗放发展非持续,管理不善缺后劲。

14-2　城市本是商贸地,大商小贩不能弃。缺乏规划与引导,运营管理少法理。

14-3　城管武装到嘴牙，百姓看到特害怕。人民公仆树形象，社会和谐靠大家。

14-4　漂泊流离确因贫，管理要有善良心。善待弱势显文明，不能随口叫人滚。

14-5　为使行人不经过，管理方式太笨拙。社会文明多引领，人性服务环境造。

14-6　物业管理服务队,运营不能逞淫威。管好物业主放心,不会有人论是非。

14-7　人行跌倒扶不起，见状心中生团疑。曾经搀扶遭耍赖，不妥裁决心余悸。

14-8　社会经济逐发达,贫富差距渐拉大。社会阶层有分化,管理模式创新抓。

15 扫一扫,自身弊端须革掉

社会发展精彩纷呈,而城乡规划似乎"坐得高却夹不到菜",根本原因在于自身的弊端。规划必须在发展理念、目标定位、价值取向等各方面坚守职业道德,才能做到维护公共利益,服务社会经济健康发展。

15-1 改革开放几十载,规划历经好无奈。痛苦多多痛因多,内外有因酿成害。

15-2 优秀规划是财富,蓝图却变墙挂图。城市弊病如此多,功利思想在搅局。

15-3 城市膨胀特别快,弊病繁多觉无奈。"城"长模式要反省,外延摊饼要不得。

15-4　脱离本地怀大志,争做国际大都市。规划目标太虚幻,空城鬼城成现实!

15-5 你追我赶国际化，评价标准非大厦。因地制宜留乡愁，综合实力全面抓。

15-6 模仿并非皆不好，学习考察忌照抄。盲目跟风犯大忌，空谈幻想最糟糕。

15-7　遍地争建 CBD,不顾科学盲攀比。重复建设危害大,浪费惊人缺追责。

15-8　为表业绩建新城,空城鬼城才普遍。产业为王奠基础,吸住人才城巨变。

15-9　新城规划何其多,远期项目近期做。揠苗助长难健康,政绩考核酿成祸。

15-10　班子接连换几任,规划几番重修订。发展思路已改变,朝令夕改哪能行。

15-11　一届班子一本图,城市特色变模糊。标新立异花样多,建设文化成沙漠。

15-12　规划本是长久计,利益绑架立刻批。会议纪要抄告单,修改调整满天递。

15-13　错把规划视弹簧,利益驱动随召唤。地价房价涨得快,规划本质变了样。

15-14 老板投资大开发,左右规划神通大。以人为本挂嘴边,哪样有利哪样画!

15-15　规划论证多会议,几番轮回获审批。实施举措多空泛,刚获批准重设计。

15-16　工程创作真奇怪,七嘴八舌拼出来。设计师成绘图员,哪方有令哪里改。

15-17　构思创作细考量，多方要求渐走样。规划大师成摆设，哀叹师成画图匠。

15-18　三拍领导不得了,拍着脑袋打包票。二拍胸脯能担当,出现问题拍腿跑。

15-19　城乡规划很重要,实惠没有地位高。设计经费难保障,应付交差仿一套。

赶时髦

15-20 甲乙规划丙规划,设计似乎功劳大。刻意追捧赶时尚,宗旨意识出偏差。

15-21 七规八划何其多,政出多规依哪个? 九龙治水水不治,多规合一题待破。

16 扫一扫,科学规划才美好

经济在转型、社会在转轨,政府管理者、规划专家学者、规划设计师、规划管理者、城乡居民等社会各界,越来越关注城乡规划。因此,城乡规划必须顺应时代潮流,主动走进百姓,深化规划设计内容,改革规划管理模式,提升规划服务水平,潜心服务社会经济发展,宽视野、多角度、深层次地谋划好城乡美好未来,让城乡生活越来越美好。

16-1 规划处在十字口,究竟向左向右走? 社会经济在转型,率先转轨方龙头!

16-2 规划清单定转型，以人为本是核心。惠及社会和经济，百姓心中有杆称。

16-3　规划宗旨是服务,忌唯 GDP 功利图。产业发展保就业,健康城乡夯基础。

16-4 新官上任盯规划,政绩谋划要靠它。经济实惠变化大,软硬环境都得抓。

16-5 城乡规划百姓爱,宜居宜业求实在。环境优美配套齐,睦邻友好传万代。

16-6 规划学生修设计,构思立意出新意。美好城市心向往,成就梦想神采奕。

16-7 工程师们能巧匠,方案冥思又苦想。美好蓝图描发展,操作实施是志向。

16-8　规划教授很敬业,传授技能心火热。职业道德牢记心,成就规划费心血。

16-9　农民心系好规划,子孙后代仰仗它。安居乐业谋发展,勤劳致富何惧怕!

16-10　规划设计立意高,环境景观忌浮躁。文化内涵显品位,功能完备优配套。

16-11 理想城市求美好,环境熏陶很重要。工程建设出精品,优秀文化随处淘。

16-12　规划建设要留白,丰富空间又防灾。广场绿地好心情,市民展示大舞台。

16-13　景观绿化和水体，生态品质造价低。养护简单见效快，社会阶层都欢喜。

16-14　规划管理新常态，技术政策必改革。清单详尽保障实，长效机制忌随改。

16-15 经济转型促升级,规划变革主推力。管理机制必创新,和谐发展才真谛。

16-16　阳光规划忌过场,内容公示无痛痒。若隐若现忌猜谜,家园发展瞎摸象。

16-17　规划实施阳光化,百姓参与能说话。知情献计又监督,修改调整细回答。

16-18　我的城市我做主,盲目开发能说不。规划建设共谋划,运营管理靠服务。

16-19　城乡规划人人知,实施蓝图靠心齐。全民支持又监督,了解参与是前提。

16-20 富规划, 穷建设, 留白空间后代策。好规划, 大财富, 子孙受益永不竭。

思 想

我是市民

生活
方式

教 育

保 障

追 求

16-21　我是合格好市民,综合素质大提升。生活方式现代化,言谈举止和品行。

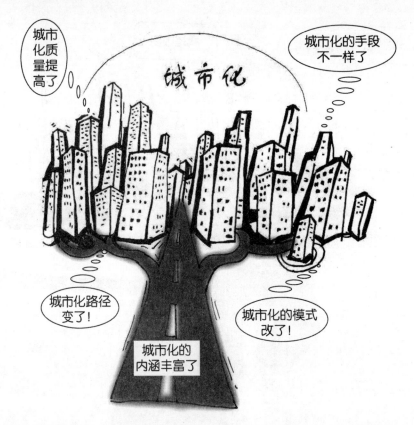

16-22　文明进程事件大,当属新型城镇化。发展模式要变革,复兴中华规划抓。

16-23　美好城乡啥模样？规划设计费思量。安居乐业是根本, 人间天堂非梦想。

16-24 规划愿景蓝图描,教育就业和医疗。服务设施配套优,创新梦上一层楼。

16-25　病有良医老有养，城乡规划举措亮。保障供应齐跟上，运营优良才过关。

16-26　品质生活规划好,安居乐业又养老。教育交通和医疗,环境生态必可靠。

16-27　文明生产又生活,绿色低碳环保过。运营便捷且高效,美好城乡方不错。

16-28　规划内容综合化,见山望水乡愁画。功能优质高效能,衣食无忧遊天下。

16-29　美好城乡目标多,安全舒适和娱乐。特色文化品质高,出行便捷神仙过。

16-30　城乡一体奔小康,创新协调又开放。现代文明齐共享,绿色低碳传四方。

16-31 规划思想是灵魂，决策实施显水平。理想信念和抱负，城乡风貌尽展现。

16-32 城市是本打开书,居民随取己所需。事事处处受教育,规划科普育人殊。